BEI GRIN MACHT SICH IHR WISSEN BEZAHLT

- Wir veröffentlichen Ihre Hausarbeit,
  Bachelor- und Masterarbeit

- Ihr eigenes eBook und Buch -
  weltweit in allen wichtigen Shops

- Verdienen Sie an jedem Verkauf

Jetzt bei www.GRIN.com hochladen
und kostenlos publizieren

Stefan Reiß

Die Diskussion um die agronomische Trockengrenze

Verlauf der agronomischen Trockengrenze, agrarökologische und agrar-
ökonomische Betrachtung

GRIN Verlag

Bibliografische Information der Deutschen Nationalbibliothek:

Die Deutsche Bibliothek verzeichnet diese Publikation in der Deutschen National-
bibliografie; detaillierte bibliografische Daten sind im Internet über http://dnb.d-
nb.de/ abrufbar.

Impressum:

Copyright © 2007 GRIN Verlag GmbH
Druck und Bindung: Books on Demand GmbH, Norderstedt Germany
ISBN: 978-3-640-13705-3

Dieses Buch bei GRIN:

http://www.grin.com/de/e-book/113265/die-diskussion-um-die-agronomische-tro
ckengrenze

Friedrich-Alexander Universität Erlangen-Nürnberg

Institut für Geographie

Proseminar Kulturgeographie II: Agrargeographie der Trockengebiete

Diskussion um die agronomische Trockengrenze

Stefan Reiß

Inhaltsverzeichnis

1. Einleitung

Angesichts des rapiden Anstiegs der Weltbevölkerung stieg in der zweiten Hälfte des 20. Jahrhunderts auch der Bedarf an Besiedlung und Urbarmachung von Gebieten an den Innen- und Außengrenzen der Ökumene. Als Innengrenze der Ökumene gilt neben der Höhen- auch die Trockengrenze (BÄHR 2004: 54). Im Rahmen der geographischen Forschung in den Trockengebieten der Erde, also den ariden und semiariden Zonen, fand im ausgehenden 20. Jahrhundert immer wieder der Begriff der agronomischen Trockengrenze Verwendung. Aus der Notwendigkeit, die Nutzbarkeit der Trockengebiete für den Menschen zu erhöhen, ergaben sich unterschiedliche Problemfelder, welche aus den anthropogenen Eingriffen in die Beschaffenheit der Trockengebiete resultierten. Konfrontiert mit Problemen wie der Desertifikation ganzer Landstriche oder Fragen nach sinnvollen Bewässerungssystemen an Orten von großer Niederschlagsunsicherheit erschien es sinnvoll, ausgehend von der klimatischen Trockengrenze eine neue theoretische Grenze auszudifferenzieren, die den agrarwirtschaftlichen Eingriffen der Menschen noch genauer Rechnung tragen sollte. Eine Grenze also, die über die naturgegebene Klima- und Vegetationsgeographie hinaus zwischen den agrarisch unnutzbaren Wüstenzonen von den Menschen urbargemachten Trockenzonen differenzieren soll und deren Verlauf anhand agrarischen Prägungen durch den Menschen veränderbar sein soll. Diese Grenze allgemeingültig und sinnvoll zu definieren ist jedoch kaum möglich. Die Vorstellung der agronomischen Trockengrenze sowie Ansätze, dem Begriff eine Relevanz zu verleihen und die damit verbundenen Schwierigkeiten sind Gegenstand dieser Arbeit.

2. Trockengrenzen

Zunächst muss zwischen der klimatischen und agronomischen Trockengrenze unterschieden werden. Die klimatische Trockengrenze ist eine gedachte Linie die entlang des Übergangs von Niederschlags- zu Verdunstungsüberschuss verläuft. An dieser Linie ist also die Niederschlagsmenge gleich der Verdunstungsmenge (EHLERS 1984: 50). Aber schon dieser naturwissenschaftliche Ansatz einer Trockengrenze birgt Schwierigkeiten. Die Verdunstungsmenge nämlich wird nicht nur vom örtlichen Klima, sondern auch von einer Reihe weiterer Faktoren bestimmt. Schwankungen der Verdunstungsintensität innerhalb einer Region werden bedingt durch Vegetation, Niederschlagsmenge, Temperatur und Wind (SCHÖNWIESE 2003: 154), sind also auch von der Jahreszeit abhängig. Demzufolge verändert sich auch der Verlauf der klimatischen Trockengrenze in Abhängigkeit von Großwetterlage und Jahreszeit. Schon die klimatische Trockengrenze lässt sich also nicht genau und dauerhaft festlegen.

Die Beschreibung der agronomischen Trockengrenze ist noch komplexer. Sie bezieht sich auf die agrare Nutzbarkeit einer Region und ist deshalb nicht allein durch den Wasserhaushalt festgesetzt, sondern setzt diesen in Beziehung mit dem tatsächlichen Wasserbedarf. Der Wasserbedarf wiederum ist von der Nutzung abhängig, also anthropogen (ARNOLD 1997: 130). Die agronomische Trockengrenze soll den Übergang von der rein natürlich bewässerten Anbauzone zu einer Anbauzone markieren, in der nur über Zuhilfenahme künstlicher Bewässerung zeitlich oder räumlich begrenzt Anbau betrieben werden kann. Man könnte sie also auch Trockengrenze des Regenfeldbaus bezeichnen. Dieser Anspruch erschwert die Bestimmung des tatsächlichen Verlaufs und damit eine sinnvolle Anwendung aber erheblich.

2.1 Der kleinmaßstäbliche Verlauf der agronomischen Trockengrenze

Für die Abhandlung zu den Siedlungsgrenzen der Erde von E. Ehlers wurde 1984 dennoch versucht, den weltweiten Verlauf einer agronomischen Trockengrenze darzustellen (Abb.1). Entlang der bekannten Trockenzonen um die Sahara, um Zentralasien und in Australien, aber auch im Westen der USA und auf dem südamerikanischen Kontinent unterscheidet die Darstellung zwischen 2 Stoßrichtungen des Anbaus. In Asien und Afrika weisen die Pfeile zu den Trockenzonen hin und stellen den Ausbau agrarwirtschaftlicher Nutzung in diese Richtung dar. In Nord- und Südamerika sowie in Australien wird mit Doppelpfeilen die Stagnation dargestellt. Die Stagnation ist wohl ein Zeichen dafür, dass in diesen hochtechnisierten Zonen im Laufe des 20. Jahrhunderts sowie aufgrund des erhöhten Nahrungsmittelbedarfs, als auch der Verfügung effizienterer Infrastruktur das Vordringen bis zum Äußersten ausgereizt wurde. Im Süden Australiens stellt ein Pfeil dar, wie dort bereits Agrarland aufgegeben werden musste.
Es lässt sich also prinzipiell eine Geschichte der weltweiten Veränderung der agraren Siedlungsgrenzen im 20. Jahrhundert ablesen. Angesichts der Tatsache aber, dass mit Hilfe unterschiedlicher Anbauformen und Saatgutarten die agronomische Trockengrenze auf regionaler und lokaler Ebene variiert, ist die Genauigkeit, respektive Sinnhaftigkeit einer derart kleinmaßstäblichen Darstellung streitbar.

Abb. 1: Agrare Siedlungsgrenzen der Erde.

Quelle: EHLERS 1984: Anhang

2.2 Die Diskussion um die agronomische Trockengrenze

2.2.1 agrarökologische Betrachtung

„Der Begriff Trockengrenze als Sammelbezeichnung für jenen Grenzgürtel der Ökumene, in dem unbewässerte Feldkulturen generell enden, ist somit wenig sinnvoll und von geringer Aussagekraft" (ASCHENBACH 1978: 2). Auf eine größere Maßstabsebene bezogen finden sich unterschiedliche Herangehensweisen zur Beschreibung der agronomischen Trockengrenze.

Sehr allgemein ist Ansatz, der von Mindestzeiträume für Erntezyklen ausgeht. Demnach braucht es für den Regenfeldbau mindestens 3-4 humide Monate. Außerdem werden unterschiedliche Niederschlagsmindestmengen für unterschiedliche Pflanzen festgestellt, ein Spektrum von 250mm/J (Gerste) bis 2000mm/J (Bananen) (SICK 1993: 46). Problematisch dabei ist aber, dass Durchschnittswerte für Mindestniederschlagsmengen keine sichere Aussage für die Bestimmung eines Missernterisikos liefern können. „Das größte Risiko wird nämlich durch die Unregelmäßigkeit der Niederschläge und ihre Streuung über von Jahr zu Jahr abweichenden Größenklassen erzeugt" (ASCHENBACH 1978:18). Wenn Kulturpflanzen nach zu langer Trockenphase einmal verendet sind, hilft eine zu spät einsetzende Regenphase eben nicht mehr, ganz gleich wie ergiebig sie ist. Nur eben auf lokaler Ebene lässt sich dies einigermaßen risikominimierend berücksichtigen und messbare Abweichungen für die Bestimmung von Trockengrenzen einbeziehen.

Ein weiterer Aspekt ist die hohe Empfindlichkeit, die Böden in der Nähe der Trockengrenze aufweisen. Ein durch Übernutzung geschwächter Untergrund kann dort nicht dauerhaft zuverlässige Erträge liefern, da er im ständigen Wechsel von sporadischer Bewässerung und wiederholter vorübergehender Austrocknung mehr oder weniger starker Erosion unterliegt. Bei Missachtung dieser Sensibilität und der Beeinträchtigung der Ertragskapazität bis hin zum Verlust derselben ist kommt es zu Landdegradation, gleichsetzbar mit Desertifikation (MÄCKEL 2000: 34).

Agrarwirtschaft an der Trockengrenze bedeutet also, angesichts eines „komplexen Wirkungsgefüges"(DAHLKE 1976: 146) einem erhöhten Maß an Unbeständigkeit ausgesetzt zu sein. Ein Versuch, dieser Unbeständigkeit mit einer möglichst genauen Bestimmung einer gesicherten Trockengrenze gerecht zu werden, stellt die einzigartige Definition (SPÄTH 1980b: 9) der agronomischen Trockengrenze nach Falkner dar. Sie fordert unter Berücksichtigung der Kriterien Bodenfeuchte, Bodenerosion, landwirtschaftlicher Ertrag und kulturtechnischer Verfahren, dass das optimierte Bodenfeuchteangebot vor Ort größer ist als der Bodenfeuchtebedarf vor Ort. Bei Erfüllung dieser Forderung soll dieser Standort zumindest für den Anbau von Weizen geeignet sein. Mit Hilfe lokaler Feuchtebilanzen und Bestimmung einer Mindestmenge an Stroh, die zur Vermeidung von Bodenerosion an diesem Ort postuliert wird. Anhand dieser regionalen Standortentscheidung soll sich die nun „agro-ökologische Trockengrenze"(SPÄTH 1980a: 332) lokal fixieren lassen.

2.2.2 agrarökologische Betrachtung

Abgesehen davon, dass es sich hierbei aber eher um eine Hilfe zur lokalen Standortentscheidung handelt, als um die Bestimmung des Verlaufs einer Grenze, lassen diese Kriterien allein aber weitere entscheidende Faktoren außen vor. Diese „meist eindimensional angelegten Trockengrenzkonzeptionen mit klimatologischen und landschaftsökologischen Kriterien" sollten durch „humanökologische und soziökonomische Faktoren" (HORNETZ 2003: 111) ergänzt werden, um lokalen Erfahrungswerten zu Missernterisikos und daraus resultierenden lokalen Entscheidungen Rechnung zu tragen. Beispielsweise erhöht die Option eines Mischbetriebes, der die Abhängigkeit vom Ernteerfolg zumindest übergangsweise relativiert, prinzipiell die Risikobereitschaft der entsprechenden Landwirte, in einem hygrisch unsicheren Gebiet dennoch bestimmte Kulturpflanzen anzubauen. Allerdings stehen dem wiederum ökonomische Zwänge entgegen. Aufgrund der bereits angesprochenen Niederschlagsunsicherheit „liegt die ökonomische Trockengrenze auf der feuchteren Seite der biologischen Trockengrenze" (DAHLKE 1976: 137). Neben dem Zwang, Gewinn zu erwirtschaften besteht auch die Notwendigkeit, zusätzlichen Ernteertrag als Saatgut für die nächste Saison sichern zu können. Obendrein erschweren die Schwankungen des Weltmarktpreises die Einstufung eines Betriebes außerhalb einer genauen und dauerhaften Grenze des Anbaus. Wo moderne effizienzsteigernde Farmtechnik einen gewinnbringenden Ertrag eines Betriebes trotz widriger Grenzbedingungen gewährleisten soll, kann ein stark schwankender Preis für die unter hohem Aufwand gewonnenen Erträge die Rentabilität eines Betriebes wieder zunichte machen (DAHLKE 1976: 137). Zusätzlich ist aber die Akzeptanz bestimmter Landnutzungsformen auch eine Frage von Traditionen (MENSCHING 1991). Die Bauern der betroffenen Bevölkerungsgruppen verlassen sich eher auf ihre eigenen Erfahrungswerte, als dass sie sich auf Empfehlungen zu abstrakten und theoretischen Trockengrenzen einlassen.

3. Fazit

Will man auf der Basis einer bereits komplexen klimatischen Grenze noch eine Nutzungs-grenze herausdifferenzieren, steht man also vor einer Vielzahl von Problemen. Zum Einen ist ein kleinmaßstäblicher Ansatz zu Bestimmung zwangsläufig sehr ungenau, zum Anderen ist ein lokaler Ansatz mit Feuchtebilanz zur Erosionsvermeidung eben auf eine bestimmte regio-nale Nutzung begrenzt, lässt also keine allgemeinen Aussagen zu übertragbaren Gesetzmä-ßigkeiten zu. In Anbetracht der Tatsache, dass agrares Engagement aber ökonomischen Zwängen unterliegt, ist weder eine ungenaue, noch eine ständig Schwankungen unterliegende agronomische Trockengrenze sinnvoll.

Agroökologische Definitionsversuche sind adäquat für Standortentscheidungen, jedoch ohne gesicherter Einberechung von möglichen klimatischen Veränderungen innerhalb längerer Zeiträume, was aber in ökonomischer Hinsicht ein entscheidender Aspekt für eine Standort-entscheidung ist. Schwankende Marktpreise relativieren die Sinnhaftigkeit einer allgemeinen agronomischen Trockengrenze des Anbaus weiterhin. Obendrein stellt die Gefahr der Land-degradierung den Ehrgeiz, Zonen des gesicherten Anbaus bis aufs Äußerste auszureizen, oh-nehin in Frage.

Die in vielerlei Hinsicht hochsensiblen semi-ariden Zonen weisen eine hohe Komplexität der Faktoren für die Anbaurentabilität auf. Da anthropogene Eingriffe diese Komplexität nur erhöhen – sei es durch beispielsweise moderne Technik zum Positiven oder durch Landdegra-dierung zum Negativen -, ist eine erfolgreiche Suche nach einer langfristig allgemeingültigen agronomischen Trockengrenze kaum zu bewerkstelligen. Bodenfeuchte- oder Ertragsbilanzen liefern Hilfen für konkrete Standortentscheidungen, nicht für weite Grenzverläufe. Die Land-wirte der betroffenen Volksgruppen bleiben bei ihren traditionellen und lokalen Erfahrungs-werten. Neue Erkenntnisse zur agronomischen Trockengrenze brachten in der Diskussion im 20 Jahrhundert nur erhöhte Komplexität, aber kein konkretes Ergebnis.

Der Bedarf, bislang ungenutzte Gebiete agrarisch zu Nutzen, wird natürlich nicht abnehmen, aber „Auch der Pioniersiedler der Zukunft wird weiterhin einen Schritt ins Ungewisse tun, wenn er Neuland betritt"(DAHLKE 1976: 146).

4. Literaturverzeichnis

ARNOLD, A. 1997: Allgemeine Agrargeographie. Gotha.

ASCHENBACH, 1978: Agronomische Trockengrenze im Lichte hygrischer Variabilität –
dargestellt am Beispiel des östlichen Maghreb. In: Kieler Geographische Schriften Bd. 50.
S.1-21.

BÄHR, J. 2004: Bevölkerungsgeographie. Stuttgart.

DAHLKE, J. 1976: Die Entwicklung des Weizenfarmens im Westen Australiens. Gedanken
zum trockenheitsbedingten Typ der Pioniergrenze. In: Göttinger Geographische Abhandlun-
gen Bd.66 S. 137-146.

EHLERS, E. 1984: Bevölkerungswachstum – Nahrungsspielraum – Siedlungsgrenzen der
Erde. Frankfurt/Berlin/München.

HORNETZ, B 2003: Savannen-, Steppen und Wüstenzonen. Braunschweig.

MÄCKEL, R. 2000: Probleme der Landdegradierung in den Dornsavannen der tro-
pisch/subtropischen Trockengebiete. In: Geographische Rundschau Bd. 52 H. 10. S. 34-39.

MENSCHING, H. 1991: Die Sahelzone – Naturpotential und Probleme seiner Nutzung. In:
Problemräume der Welt Bd. 6. S. 107- 141.

SCHÖNWIESE, C.-D. 2003: Klimatologie. Stuttgart.

SICK. W.-D. 1993: Agrargeographie. Braunschweig.

SPÄTH, H-J. 1980a: Zur Dynamik und ökologisch orientierten Neu-Definition der agronomischen Trockengrenze. In: 42. Deutscher Geographentag Göttingen Bd. 34, H. 3.
S. 331-332.

SPÄTH, H-J 1980b: Die agroökologische Trockengrenze in den zentralen Great Plains von
Nordamerika. In: Erdwissenschaftliche Forschung Bd. 15. S. 7-11.